住宅乐居

RESIDENCES

● 本书编委会 编

| 居 | 住 | 空 | 间 | 设 | 计 |
LIVING SPACE DESIGN

中国林业出版社
China Forestry Publishing House

图书在版编目（CIP）数据

居住空间设计. 3, 住宅乐居 /《居住空间设计》编委会编. -- 北京：中国林业出版社, 2014.6

ISBN 978-7-5038-7385-0

Ⅰ.①居… Ⅱ.①居… Ⅲ.①住宅－室内装饰设计 Ⅳ.①TU241

中国版本图书馆CIP数据核字(2014)第025617号

【居住空间设计】编委会

◎ 编委会成员名单

选题策划：	金堂奖出版中心					
编写成员：	张寒隽	郭海娇	高囡囡	王 超	刘 杰	孙 宇	李一茹
	姜 琳	赵天一	李成伟	王琳琳	王为伟	李金斤	王明明
	石 芳	王 博	徐 健	齐 碧	阮秋艳	王 野	刘 洋

中国林业出版社 · 建筑与家居出版中心

策　　划：纪　亮
责任编辑：李丝丝

出版：中国林业出版社
（100009 北京西城区德内大街刘海胡同7号）
http://lycb.forestry.gov.cn/
E-mail: cfphz@public.bta.net.cn
电话：(010) 8322 5283
发行：中国林业出版社
印刷：北京利丰雅高长城印刷有限公司
版次：2014年6月第1版
印次：2014年6月第1次
开本：230mm×300mm, 1/16
印张：13
字数：100千字
定价：169.00元

CONTENTS
目录

Residences

蓝色复式公寓	Blue Penthouse	002
南京御江金城	Nanjing YuJiangJinCheng	014
犹梦依稀淡如雪	Apartment Design	020
香港贝沙湾	Bel-Air, Pokfulam	028
欣盛：东方润园	Xinsheng-DongFangRunYuan	034
赛格景苑私宅	SaiGeJingYuan Apartment	038
简约大宅	Simple house	044
成都沙河新城住宅	Chengdu ShaHe New Town Apartment	050
墨香	Dark Story	056
夏末去秋悄来的周末	Apartment Design	062
城市花园：气质法式乡村	City Garden (Temperamental French Style Village)	070
设计之外	What you see is not design, but life.	076
黎阳晟市	Li Yang Sheng Shi	084
天雄大厦	TianXiong Building	090
翠屏国际	CuiPing Intl.	096
半山一号	The Joyful Tree House	102
地中海的阳光照亮田园梦想	Mediterranean Sunlight Apastoral Dream	108
欧城	Europe City	114
凝聚	Cohesion	120
延：界限	Extending Boundaries	126
黑白之间	Between Black and White	132
黑白视界	Black and White Horizon	136
现代宁静之家	Modern Silence Home	142
航行二	SAILING-2	146
深圳滨海复式公寓	Shenzhen Seaside Duplex Apartment	150
明素	Ming Su	154
日出之前	Before Sunrise	158

建筑读库

涵盖建筑、室内设计与装修、景观、园林、植物等类型电子读物的移动阅读平台。

功能特色：

1. 标记批注——随看随记，用颜色标重点，写心得体会。
2. 智能播放——书签、分享、自动记录上次观看位置；贴心阅读，同步周到。
3. 随时下载——海量内容，安装后即可下载；随身携带，方便快捷。
4. 音视频多媒体——有声有色，让读书立体起来，丰富起来！

在这里，建筑、景观、园林设计师们可以找到国内外最新、最热、最顶尖设计师的设计作品，上万个设计项目任您过目；业主们可以找到各式各样符合自己需求的设计风格，家装、庭院、花园，中式、欧式、混搭、田园……应有尽有；花草植物爱好者能了解到最具权威性的知识，欣赏、研究、栽培，全面剖析……海量阅读内容，丰富阅读体验，建筑读库——满足您。

购买本书，免费获得高清电子版！

1. 下载APP，注册成为会员
2. 点击"个人中心"—"促销码"页面
3. 输入促销码【498346】
4. 点击"书架"—"云端书架"

即可免费下载阅读本书电子版

建筑中心读者服务QQ：2816051218

Arartment
住宅空间

 蓝色复式公寓 Blue Penthouse

 南京御江金城 Nanjing YuJiangJinCheng

 犹梦依稀淡如雪 Apartment Design

 香港贝沙湾 Bel-Air, Pokfulam

 欣盛：东方润园 Xinsheng-DongFangRunYuan

 赛格景苑私宅 SaiGeJingYuan Apartment

 简约大宅 Simple house

 成都沙河新城住宅 Chengdu ShaHe New Town Apartment

 墨香 Dark Story

 夏未去秋悄来的周末 Apartment Design

 城市花园：气质法式乡村 City Garden (Temperamental French Style Village)

 设计之外 What you see is not design, but life.

 黎阳晟市 Li Yang Sheng Shi

 天雄大厦 TianXiong Building

 翠屏国际 CuiPing Intl.

 半山一号 The Joyful Tree House

 地中海的阳光照亮田园梦想 Mediterranean Sunlight Apastoral Dream

 欧城 Europe City

 凝聚 Cohesion

 延界限 Extending Boundaries

参评机构名/设计师名:	Dariel studio 致力于发挥其独创性和创造力，并与良好的项目管理整合在一起，这种双重服务确保了项目从概念创意到落地实施的完美完成，事务所以此而赢得认可和荣誉。Dariel Studio 根据客户的需求，专注于为客户提供量身订做的设计服务，这种服务方式使得事务所吸引了大量不同类型的中外客户——私人、企业、奢侈品品牌和大型集团。	现今，Dariel Studio 拥有25名来自不同国家和背景的专业设计师，投注其对设计的热情。
Dariel Studio		
简介: Dariel Studio 是一家荣获多项国内外大奖的室内设计事务所，由法国设计师 Thomas Dariel 于2006年在上海创立。自成立起，事务所高质量地完成了多达60多个项目，横跨服务业、商业及住宅领域		

蓝色复式公寓
Blue Penthouse

A 项目定位 Design Proposition
地将原有空间转变为一个宽敞、现代而精致的顶层公寓。满足业主追求精致而又优雅的城市生活需求，并且体现出简约中的品质之美。

B 环境风格 Creativity & Aesthetics
业主一直强调希望能带给他们一个宁静惬意的氛围。这个公寓位于住宅楼的顶层，颇为隐秘安全，也从高度上隔绝了都市丛林的嘈杂。每个房间之间流顺的切换，重复而对称的法式线型不断地在整个空间中上演，隐形门的设计满足私密性的需求且不破坏空间的韵律，蓝色的运用散发令人放松慰藉的质感。

C 空间布局 Space Planning
打破原有的基础体量，使空间显得更为开放。宽阔的挑空客厅凸显了建筑结构和现代感，大面积使用飘窗增加了采光。原先客厅外的小阳台也被打通作为新的室内空间，增大了客厅的休闲区域。楼梯被重新设计并安置在整个空间的中心位置。犹如一件艺术品，这座白色的旋转楼梯同时也兼具了连接各个房间的作用。空间按照传统的功能来分布，每个不同功能的空间都被赋予了别样的风格、特性和辨识度。

D 设计选材 Materials & Cost Effectiveness
特别设计并定制的天花板、墙体、储物柜和家具彰显了整体的设计感，使空间焕发出精致考究的气息。由皮革和亚麻布包覆的手工定制的柜子、衣柜和抽屉，其设计灵感取自复古的行李皮箱，紧扣业主爱好旅游这一特点。儿童房中，独家设计的壁纸糅合了文化、乐趣与诗意。整个公寓里的空调出风口，都用刻上法国名句的不锈钢板来展现另一种优雅。

E 使用效果 Fidelity to Client
强烈的设计概念和视觉享受，缭绕不尽的细节，出自大师的家具和灯具，高品质的设备和高科技的应用，都造就了这个小小乐园。业主对这次的设计效果称赞有加。

项目名称_蓝色复式公寓
主案设计_Thomas Dariel
参与设计师_Justine Frenoux
项目地点_上海
项目面积_140平方米
投资金额_400万元

GREYSCALE

BIN TRAVELER FORM

Cut By: Nicolas #22 Qty: 21 Date: 10-1

Scanned By: _____ Qty: _____ Date: _____

Scanned Batch IDs

Notes / Exception

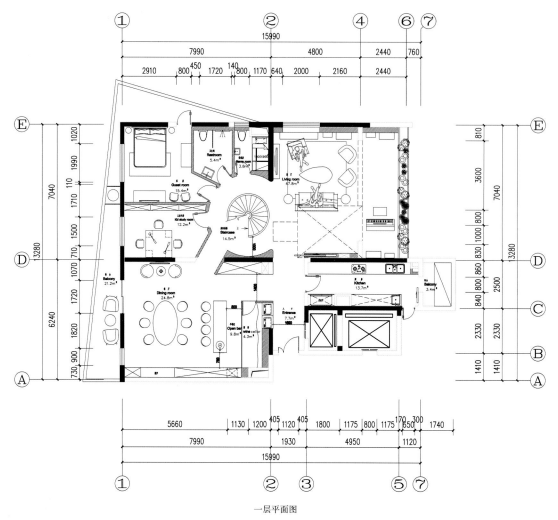

一层平面图

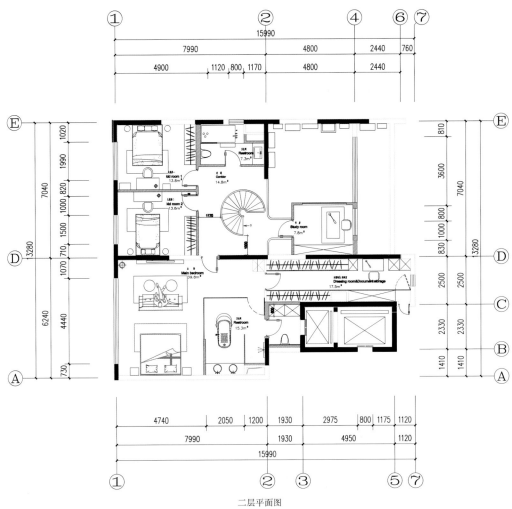

二层平面图

参评机构名/设计师名：
冯振勇 Feng Zhenyong
简介：
主要案例：帝豪花园、天正湖滨、天泓山庄、金陵大公馆、帝景天城、运盛美之国、雅居乐花园、翠屏国际、山水风华、山水华门、玛斯兰德、瑞景文华、依云溪谷、栖园、香格里拉、栖园别墅、镇江香格里拉别墅 哈尔滨盛和天下别墅等。
获奖情况：2007年亚太国际入围奖，2010年南京金陵杯银奖，华耐杯银奖，个人作品多次刊登金陵晚报、江南时报，多次接受江苏电视台完美空间、标点家装嘉宾、南京电视台神马设计师专访、南京电视台个人专访、365金陵家居人专访。
设计感言：艺术来源于生活，设计需要留意、揣摩生活的每一个细节。希望通过设计引导一种生活方式，提高生活品质。时刻保持对时尚潮流的敏锐触觉，用心设计，用心感悟。设计格言：相信思想的力量。

南京御江金城
Nanjing YuJiangJinCheng

A 项目定位 Design Proposition
本案户型是四室两厅两卫，改造后为一个大套间和两个次卧室，常住人口三位，客户背景是夫妻俩带着一个读高中的女儿，装修包含家具配饰总投入为65万，风格为美式简约风格。

B 环境风格 Creativity & Aesthetics
业主从事媒体工作，经常会出差，所以希望家里以舒适为主，不要过分强调风格。故选舒适性很强，包容性强的简美风格。

C 空间布局 Space Planning
主要是出纳空间的增多，业主衣服很多，需要足够大的衣帽储藏空间。

D 设计选材 Materials & Cost Effectiveness
业主楼层低，采光不好，采用浅色墙纸及镜面效果改善采光的不足。

E 使用效果 Fidelity to Client
业主一家很满意。

项目名称_南京御江金城
主案设计_冯振勇
项目地点_江苏南京市
项目面积_170平方米
投资金额_65万元

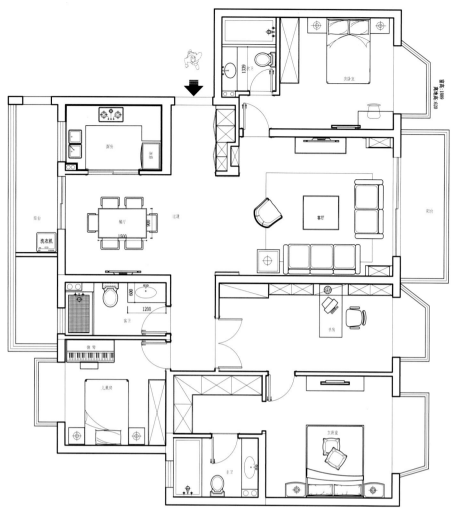

平面图

参评机构名/设计师名：
萧爱彬 Xiao Aibin

简介：
2008获得亚太室内设计双年大奖赛 优秀作品奖，
2008年摄影"宁静港湾"获亚太地区"感动世界"中国区金奖，
2008年获得全国设计师网络推广传媒奖，
2009年获得SOHU "2009设计师网络传媒年度优秀博客奖"，
2009年获得"中国十大样板间设计师最佳网络人气奖"，
2009年获得华润杯中国建筑设计师摄影大赛最佳建筑表现奖，
2010年获得全国杰出设计师称号。
出版《"时尚米兰"——最新国际室内设计流行趋势》《"精妙欧洲"——遭遇美丽建筑游记》《"没有历史的西方"再见美国建筑游记》《"雕刻时光"萧氏设计作品集》《阳光萧氏：居住空间》《阳光萧氏：商业空间》《现代金箔艺术》《花样米兰》。

犹梦依稀淡如雪
Apartment Design

A 项目定位 Design Proposition
楼盘景色一流，麓山水岸，聆听击水。本设计一方面保留了传统东南亚风格的元素，另一方面加入现代材料的软硬对比，将东南亚的禅意与现代空间手法熔炼于一体。

B 环境风格 Creativity & Aesthetics
门即是敞开式西厨，利用统一的饰面从顶面至入门，鞋柜强化西厨与门厅的空间关系，使面积不足的空间借由"分享"视野来放大住宅格局。透过纱幔若现的禅意雕像静立在客厅主入口。

C 空间布局 Space Planning
步入下沉式客厅，阳光投射，树影婆娑，芭蕉树影透过纱幔投射地面，安谧参禅的氛围尽现眼底。餐厅大面积的落地窗借以庭院绿林景色，呼应室内固定盆栽，形成自然写意的生活情境。

D 设计选材 Materials & Cost Effectiveness
地下室空间尤为突出东南亚的异国风情。开放式按摩室用帘幔的方式围合遮挡，衬以芭蕉叶形的装饰背景与庭院外斑驳的树影营造出浓厚的东南亚风情。SPA空间以砂岩石配以大面积的松木板吊顶，呈现出SPA会所级别的奢华感受。

E 使用效果 Fidelity to Client
本案注重建筑内部与外部环境的衔接。在通风采光得到优化的同时，栅格、纱幔的围合遮挡又确保了可放松身心的空间所必备的私密性。装饰材料上应用原生态的木饰面及文化石、砂岩石，搭配纱幔、棉麻布艺等，尽可能拉大材质间的对比，从而更为强调出从古至今东方风格的转变发展，并营造出静穆平和的禅性意味，谦静自若。

项目名称_犹梦依稀淡如雪
主案设计_萧爱彬
项目地点_江苏苏州市
项目面积_331平方米
投资金额_1000万元

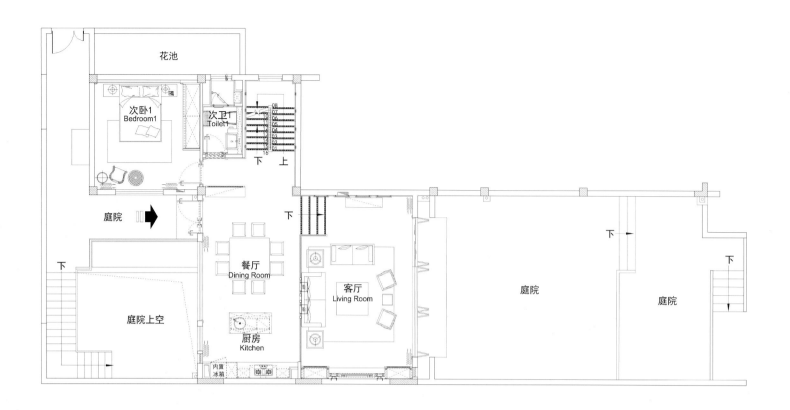

一层平面图

参评机构名/设计师名：
郑树芬 Simon Chong

简介：
郑树芬设计事务所被评为"中国酒店最具发展潜力设计机构"，郑树芬设计事务所被评为"中国酒店最佳总统套房设计特金奖"，郑树芬设计事务所被评为"中国最佳卫浴空间优秀奖"，郑树芬先生被评为"中国酒店原创设计师白金奖"。

香港贝沙湾
Bel-Air, Pokfulam

A 项目定位 Design Proposition
香港高端名牌物业，商业中心区、闹中取静。

B 环境风格 Creativity & Aesthetics
简约风格，由于业主偶尔过来居住，因此在设计上有些手法非常简单，便于打理，但却非常舒适。

C 空间布局 Space Planning
客厅、房间以及书房等不同角度都能看到维多利亚海港。

D 设计选材 Materials & Cost Effectiveness
大多数采用了国际顶级名牌家私。

E 使用效果 Fidelity to Client
由于各个角度都能看海，且设计独特，据了解后续已升值数倍，且被不少上层名流看中想要购买。

项目名称_香港贝沙湾
主案设计_郑树芬
项目地点_香港
项目面积_400平方米
投资金额_5000万元

参评机构名/设计师名: 管杰 Gary

简介: 毕业于南京艺术学院设计分院,进修于中央工艺美院环境艺术系。
2007-2009博洛尼旗舰装饰装修工程(北京)有限公司钛马赫设计师,
2010-至今杭州博洛尼装饰工程有限公司设计总监("钛马赫"机构豪宅项目主案设计专注于杭州顶级豪宅设计)。

欣盛:东方润园
Xinsheng-DongFangRunYuan

A 项目定位 Design Proposition
在现代忙碌的城市中打造一处让人放松的环境。

B 环境风格 Creativity & Aesthetics
运用不同材质的共同光质碰撞,通过灯光的柔性婉约融合总体大空间。

C 空间布局 Space Planning
满足不同主人在不同时间段的不同生活方式的使用。

D 设计选材 Materials & Cost Effectiveness
利用钢琴漆的深灰蓝在总体空间的穿插,衬托灰木纹的优雅。

E 使用效果 Fidelity to Client
业主非常满意,从大量的新古典中脱俗。

项目名称_欣盛:东方润园
主案设计_管杰
项目地点_浙江杭州市
项目面积_230平方米
投资金额_150万元

参评机构名/设计师名：
郦波 Li Bo

简介：
从2008年起，赢得包括香港APIDA、德国红点、德国IF CHINA、英国FX、最成功设计奖、美国SPARK、香港设计师协会环球设计奖等近五十项亚太及国际奖项，2010、2012、2013年三度被素有室内设计奥斯卡之称的 Andrew Martin International Interior Design Awards选为全球顶尖设计师之一，其设计范畴主要包括房地产相关项目（会所、销售中心、示范单位等），私人大宅、会所、设计酒店及办公的设计，并同时为客户提供平面、产品及建筑外观设计。

赛格景苑私宅
SaiGeJingYuan Apartment

A 项目定位 Design Proposition
对于一个城市老建筑的合理优化再利用，提供了多一个角度的参考。

B 环境风格 Creativity & Aesthetics
用简约的造型、戏剧性的图案表现，模糊了人们固有的空间分割的观念，强调空间的光线层次和互动的关系。

C 空间布局 Space Planning
巧妙地找到两条对称的主轴线，合理地划分出动与静、公共与私密的关系，通过架设天桥打破了原有空间的沉闷。

D 设计选材 Materials & Cost Effectiveness
黑白图案的线型墙纸的大胆应用，使得狭小空间的视线和气流得以无限延伸和扩张。

E 使用效果 Fidelity to Client
业主很满意，也很实用，很方便。

项目名称_赛格景苑私宅
主案设计_郦波
项目地点_广东深圳市
项目面积_150平方米
投资金额_115万元

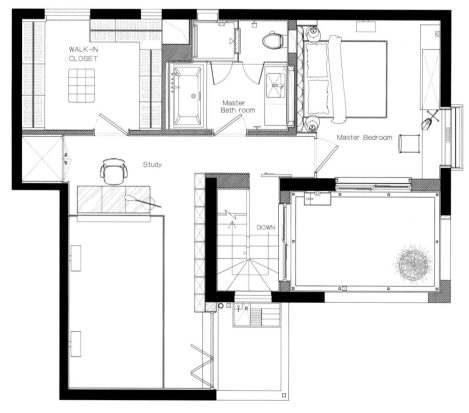

一层平面图

参评机构名/设计师名：
李敏堃 Li Minkun

简介：
中国室内装饰协会会员，中国建筑装饰协会会员，中国建筑学会室内设计分会委员，广州市尚美设计装饰有限公司总设计师中国十大设计师、国际室内建筑/设计师团体联盟（IFI）资格会员、中国建筑学会室内设计分会（CIID）全国百名优秀室内建筑师。

从事室内环境设计艺术近30年，1994年创立尚美设计公司，致力新中式住宅别墅设计并将当代东方人文精神融入室内设计。作品体现了中国的写意精神，在国际国内的设计大赛屡获殊荣，创作出具有中国特色的高品位中式环境空间，并提升到了一个新水平。

简约大宅
Simple house

A 项目定位 Design Proposition
作品对业主居住需求、生活价值的独特挖掘角度：业主是一个艺术爱好者，他对该公寓的室内设计要求是既能够在这个私人的艺术空间里工作、学习、生活；同时又能够作为接待朋友或开一些小型展览及举办一些思想沙龙的活动场所；一切都要简洁大方，自然而然。

B 环境风格 Creativity & Aesthetics
设计师希望室内设计与周边环境和谐共存，将室外阳台水景纳入室内；将天台梯间用玻璃屋设计采纳明媚的阳光；将街外景色远山轮廓纳入视野，和谐共存，相互共融，令外界自然环境与生活空间相结合，让人能够越发亲切。

C 空间布局 Space Planning
该项目没有过多的华丽装饰与设计炫技，而是更注重以简洁的线条和明亮的色块来进行空间组合与区分，空间的简洁直接与功能对接，不仅贴近自然，还展现出宁静致远的空间感受。

D 设计选材 Materials & Cost Effectiveness
整个公寓空间反复强调黑白灰三种颜色的体面对比；并与原木家具饰品互相点缀衬托，大厅水景是用有着原始味的石片拼凑，重叠的目的是打造内外一体的自然感，卧室地板则使用木地板，以温暖的色调缔造出柔和的休息空间。

E 使用效果 Fidelity to Client
该作品完成后旋即被住建部中国建筑文化中心编入中华建设名家邮票专辑全国出版发行；并被誉为："其专业领域的翘楚地位，和对岭南建筑文化的传承和发扬起到很好的典型示范和引领作用。"

项目名称_简约大宅
主案设计_李敏堃
项目地点_广东广州市
项目面积_500平方米
投资金额_200万元

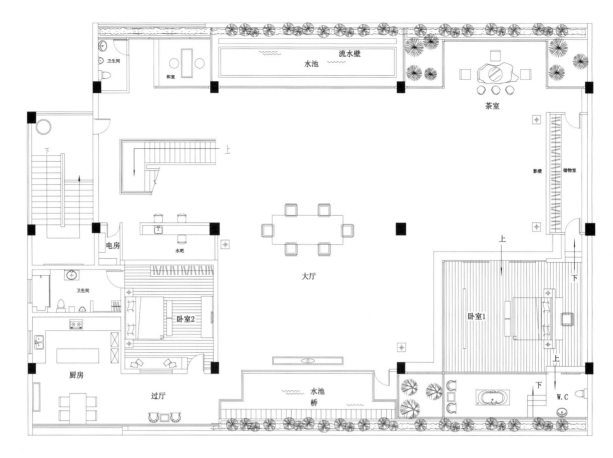

平面图

参评机构名/设计师名：
吴放 Wu Fang

简介：
1995年毕业于重庆建筑大学建筑学专业，建筑学学士。2001年获得全国注册建筑师资格证书，2008年加入中国建筑装饰协会，2009年获得中国装饰协会高级室内建筑师资格证书。1998年从事室内设计行业至今。

主要从事住宅、样板间、售楼部、会所及餐饮空间方面的室内设计工作。

成都沙河新城住宅
Chengdu ShaHe New Town Apartment

A 项目定位 Design Proposition
本案是一个面积约130平方米的平层小住宅项目。男主人是一位30岁的青年设计师。由于是实际居住项目，在功能布局上没有象样板间那样过于追求设计的概念化，而是尽量尊重主人的个人生活习惯及实用性要求。

B 环境风格 Creativity & Aesthetics
立面设计上，如何将传统元素融入到现代设计手法当中，是本案的一个设计重点。

C 空间布局 Space Planning
以后现代风格为主基调，采用简洁明快的手法对原有结构空间的梁柱墙进行适当弱化或强调，尽可能保持原建筑的空间结构美感，充分把原有结构的梁、柱、错层结构及墙体的交错关系作为装饰设计的元素。

D 设计选材 Materials & Cost Effectiveness
本案的一个重要特征就是在装饰材料的使用上，对最为传统的材料"砖"用现代的语言进行了新的演绎：砖本身所呈现出来的那种传统与粗犷感得以保留，但通过"无缝砌筑"又让它显得如此时尚、精致、细腻。当它与不锈钢、镜面玻璃等现代材料一起呈现的时候，似乎也是一种与时间的对话，是对过往的追忆，亦也是对新生活的向往。

E 使用效果 Fidelity to Client
通过对原有空间的合理规划，使之有了更好的使用效率，在有限的面积内完成的业主对居家生活各个方面的诉求。在风格设计上，时尚且具有文化内涵的设计思路，让业主对"家"有了新的定义，让他真实的感受到了小小的住宅一样可以营造一种高品质的生活方式。

项目名称_成都沙河新城住宅
主案设计_吴放
项目地点_四川成都市
项目面积_130平方米
投资金额_50万元

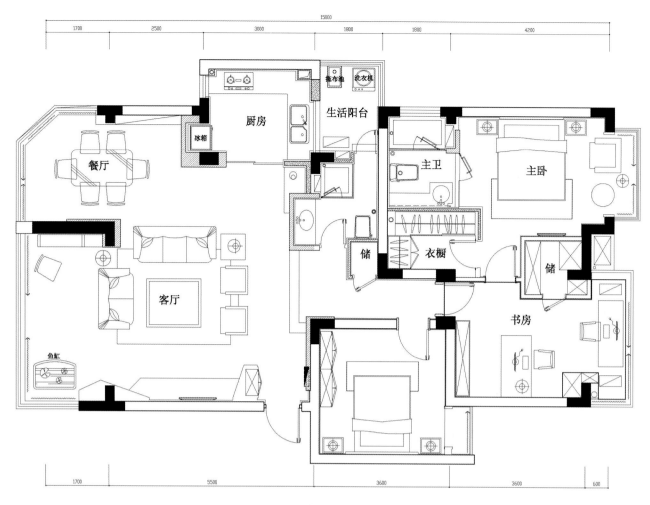

一层平面图

参评机构名／设计师名：
夏伟 Xai Wei

简介：
体现居者空间文化的品味与气质，让居者享其乐。

墨香
Dark Story

A 项目定位 Design Proposition
全世界都在流行中国风，本案以现代城市休闲风为基调，将多种材质结合在一起，融入中式元素与符号，以舒适时尚的设计手法表达着脱俗、清雅，充满静谧柔和之美，体现居住主人对空间文化的独特品味和气质。

B 环境风格 Creativity & Aesthetics
做时尚优雅的中式风格！

C 空间布局 Space Planning
改变了原有建筑结构的分部，在空间整体、储藏、和采光通风性上大大增强。

D 设计选材 Materials & Cost Effectiveness
地毯砖，竹纹板在案例上首次使用，得到了不错的效果！

E 使用效果 Fidelity to Client
得到了各大网友和专业网站，报纸读者的喜爱！

项目名称_墨香
主案设计_夏伟
项目地点_浙江杭州市
项目面积_120平方米
投资金额_35万元

参评机构名/设计师名：
吴一 Wu Yi

简介：
2003毕业于太原科技大学装饰艺术设计专业，
2003年-2005年东易日盛太原公司D1工作室主案设计师，
2005-2007年吴一设计工作室设计总监，
2007-2009年轻舟装饰太原公司首席设计师，
2009年至今元洲装饰太原公司首席设计师。

夏未去秋悄来的周末
Apartment Design

A 项目定位 Design Proposition
在高楼大厦林立的都市，又有谁不向往恬静自然的环境。三两一伙或在郊外的草地围坐在一起谈笑风生，或在静静的湖边享受着美味佳肴，生活本应该如此的享受。

B 环境风格 Creativity & Aesthetics
提取大自然丛林湿地的元素，加以现代科技的手法，融合一份简练的现代自然风。

C 空间布局 Space Planning
改变浪费的面积为有效的实用收纳空间，时隐时现的房间增加了居住乐趣，高低错落的地平面正好迎合了大自然的情趣。

D 设计选材 Materials & Cost Effectiveness
环保的澳松板一样可以达到完美的装饰效果，而且是那么的亲近，舒适的地毯悬挂在墙面既可吸音降噪又舒缓了心灵。

E 使用效果 Fidelity to Client
贴近自然，舒适惬意，高创意设计，低成本制作。

项目名称_夏未去秋悄来的周末
主案设计_吴一
项目地点_山西太原市
项目面积_150平方米
投资金额_40万元

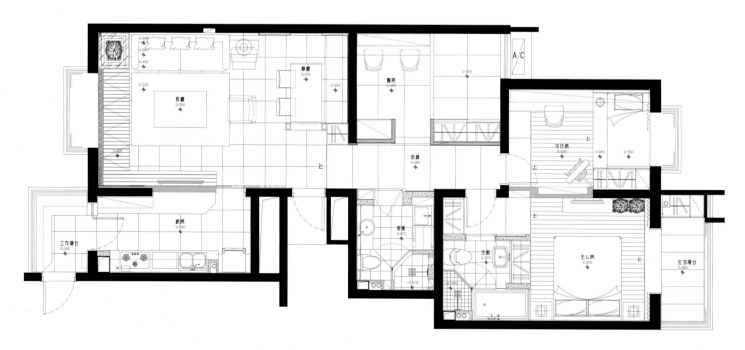

平面图

参评机构名/设计师名：
常熟市张之鸿室内设计工作室/
Zhangzhihong Design Studio

简介：
张之鸿美式/西式住宅设计事务所由张之鸿先生于2007年11月创立。公司以空间设计策划、专业施工、后期软装服务为主要的业务。

所获奖项： 2006年全国设计大奖赛优胜奖；2008年"亚太"优秀奖；2008年"利威杯"最佳效果奖获得者；2011年"亨特窗饰杯"首届全国软装TOP设计奖；2011年"搜狐德意杯"第八届中国室内设计明星大赛实景户型组铜奖；2011年"照明周刊杯"中国照明应用设计大赛江苏赛区优胜奖；2013年"常熟市"五星品牌奖。

代表作品： 胜高怡景湾别墅、宝辰湖庄别墅、长甲尚湖山庄别墅、长甲虞景山庄别墅、城市花园公寓、中冶虞山尚园公寓等。

城市花园：气质法式乡村
City Garden (Temperamental French Style Village)

A 项目定位 Design Proposition
作品体现了西方传统文化的优良建筑比例，经典又不失时尚，包含了西方的文化底蕴。

B 环境风格 Creativity & Aesthetics
严格按照西方古典建筑设计比例来制作室内细节，极力营造法式乡村的精神领域。

C 空间布局 Space Planning
根据业主的生活习惯，在140平方米的空间里做成了中西双厨，西厨和餐厅、客厅在细节上没有明显的隔阂，让空间看起来更大，每个房间都设置了单独的衣帽间。

D 设计选材 Materials & Cost Effectiveness
没有过多的装饰，墙面用环保涂料为主，地面采用实木复合地暖地板。

E 使用效果 Fidelity to Client
很多客户都比较喜欢这个案例。

项目名称_城市花园：气质法式乡村
主案设计_张之鸿
项目地点_江苏苏州市
项目面积_140平方米
投资金额_65万元

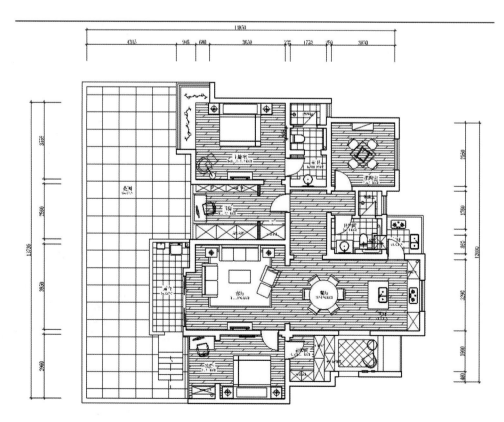

平面图

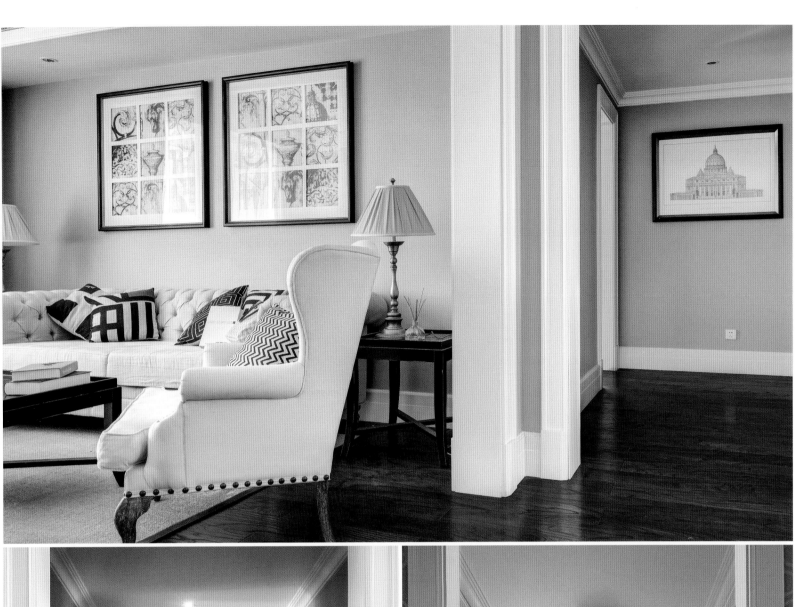

参评机构名/设计师名:
近境制作设计有限公司/
DESIGN APARTMENT

简介:
近境制作所推出系列的设计作品,自然、清晰,空间中一种隐藏着的轴线关系,创造出和谐的比例。另外,对于可靠材料的真实表现,结合着细部的处理,这个谨慎态度始终支配着我们,对于品质的要求,我们深具信心。近境制作的设计中,充满着对生活中得幽默,强调自然、清晰的原始设计,代表了未来空间的发展方向,年轻、活力、亚洲,我们所做过最好的设计,那就是我们创造明天。

设计之外
What you see is not design, but life.

A 项目定位 Design Proposition
经过多年的设计积累,尝试着各种不同的方式,表达出心中的想法,承载着业主的期盼。

B 环境风格 Creativity & Aesthetics
在此,我们有了这个机会,体验了一段不同的设计感想,十字轴线的空间排序化解了基地中央立柱的格局问题,将空间从复杂的结构配置简化统整为五个单纯的区块。

C 空间布局 Space Planning
由此发展组合出业主生活的面貌,空间中置入的内庭区域是设计中另一个重要的部份,刻意的退缩。

D 设计选材 Materials & Cost Effectiveness
导入了光线和空气,留下了生活的场景,引入的室外绿景成为空间中难得的调节,渗入生活的肌理定义出生活与空间的对应关系,设计之外,在经过设计的纯粹后留下来的应该是生活的面貌了。

E 使用效果 Fidelity to Client
设计之外,是生活片刻的累积,设计之外,是俯拾即是的自然绿意,设计之外,是人生知识的堆砌收藏,设计之外,是艺术音乐的体会感动,设计之外,就应该是生活了。

项目名称_设计之外
主案设计_唐忠汉
参与设计师_唐忠汉
项目地点_台湾台北市
项目面积_413平方米
投资金额_2200万元

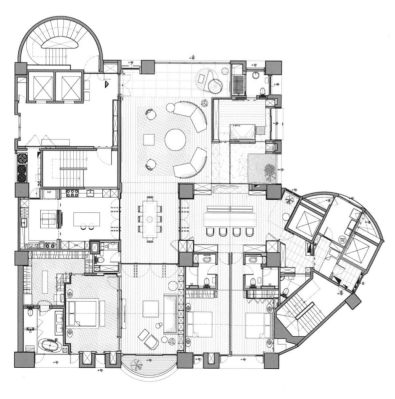

平面图

参评机构名／设计师名：
昆明中策装饰（集团）有限公司／
ZHONGCE DECORATION

简介：
昆明中策装饰有限公司是云南装饰行业的旗舰企业，自1996年成立以来，不断发展壮大，现拥有云南最精良的设计、管理人员近百人，数十支工程队伍，几千名工人。公司坐落于昆明市最具有商业氛围的南屏街，1000余平方的办公空间，昆明的东西南北中均有中策的身影，经过多年的磨练，中策已极具规模，相继荣获"CINAF中国30强装修品牌企业"、"全国质量、服务诚信示范单位"、"全国室内装饰优秀施工企业"等全国性荣誉称号，本土获得的荣誉更是举不胜举。中策以"先做人、后做事、再赚钱"为企业信条，倡导以诚信为根本、以品质为生命、用设计改变生活、打造优质环保工程的家装理念，不断创新、开拓，精心为客户营造美好的家居环境。

黎阳晟市
Li Yang Sheng Shi

A 项目定位 Design Proposition
为中端品味人士打造轻松舒适的居家环境。

B 环境风格 Creativity & Aesthetics
整体设计风格以米色调为主，营造低调奢华的私人空间。

C 空间布局 Space Planning
空间布局以业主生活习惯为起点，制造一份优雅、惬意及舒适环境，用雅致的色调贯穿整个空间，追求一份小资生活。

D 设计选材 Materials & Cost Effectiveness
被洗礼过的新贵，温馨而不失华丽，细节决定生活品味。

E 使用效果 Fidelity to Client
业主满意度高。

| 项目名称_黎阳晟市
| 主案设计_段其艳
| 项目地点_云南昆明市
| 项目面积_130平方米
| 投资金额_38万元

参评机构名／设计师名：
叶蕾蕾 Ye Leilei

简介：
毕业于丽水职业技术学院（浙江林学院）室内设计专业，
2003年-2007年，浙江省温州市家居乐装饰有限公司，设计师助理，设计师，设计总监，
2007年至今，温州市大树空间设计，设计师。

擅长套房设计，别墅设计。偏好现代、美式风格。

天雄大厦
TianXiong Building

A 项目定位 Design Proposition
满足了业主质朴但又不失活泼的风格要求。

B 环境风格 Creativity & Aesthetics
餐厅背景的设计让人神清气爽。

C 空间布局 Space Planning
半敞开式的内卫，通透明亮；独立双工作间，各自天地。

D 设计选材 Materials & Cost Effectiveness
实木做旧家具，环保耐用。

E 使用效果 Fidelity to Client
设计大方，功能实用。

项目名称_天雄大厦
主案设计_叶蕾蕾
参与设计师_叶其权
项目地点_浙江温州市
项目面积_180平方米
投资金额_70万元

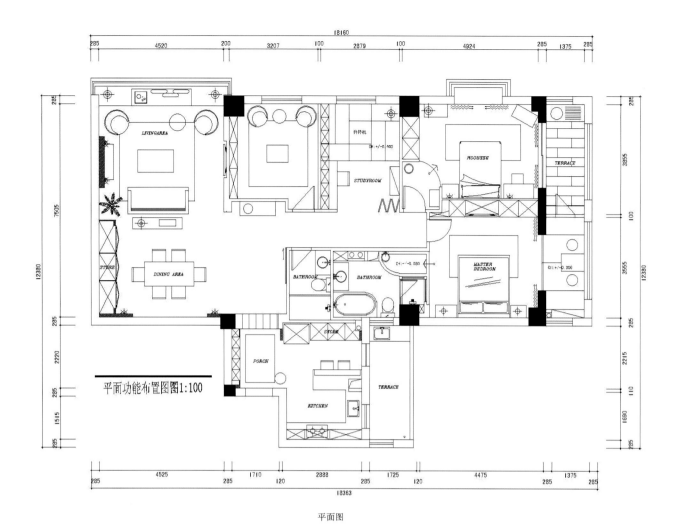

平面图

参评机构名／设计师名：
盛晓阳 Sheng Xiaoyang

简介：
人与空间最理想的关系，不是去控制空间，而是将空间无限展开，带来更多变化的可能。设计的本质是空间，好的空间设计可以令人放松、自在，可以提供很多变化和选择，来呼应使用者每一天的心情。

翠屏国际
CuiPing Intl.

A 项目定位 Design Proposition
在闹市中取一丝清净。

B 环境风格 Creativity & Aesthetics
崇尚返璞归真，回归自然。

C 空间布局 Space Planning
追求空间的通透感，呈现清新的地中海风格。

D 设计选材 Materials & Cost Effectiveness
多选用硅藻泥等环保材料。

E 使用效果 Fidelity to Client
由景生情，回归原始和自然。

项目名称_翠屏国际
主案设计_盛晓阳
项目地点_江苏南京市
项目面积_220平方米
投资金额_60万元

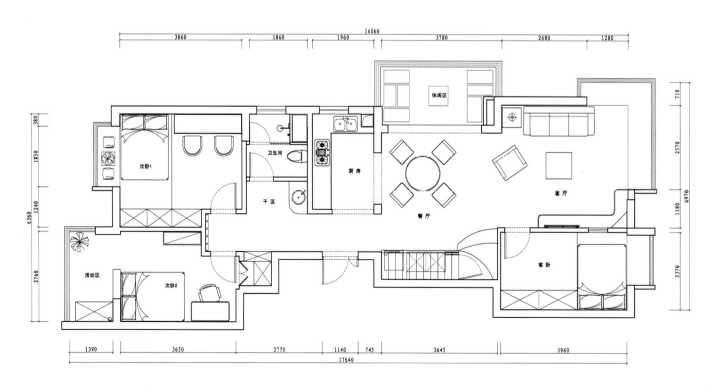

一层平面图

参评机构名/设计师名:
维斯林室内建筑设计有限公司/
PplusP Designers Limited

简介:
维斯林室内建筑设计有限公司(P+P)是一家年轻却发展迅速的香港公司。我们通过室内综合设计以及专案管理，为客户们提供高素质、创意十足的设计方案。在Wesley Liu的带领下，P+P展现了创意思维以及在不同设计领域的丰富经验。我们的团队中有建筑师、室内设计师和绘图设计师，都对设计抱着巨大的热忱。与其它设计工作室不同，P+P的业务理念甚至超越了一般同行，接洽不同类型的企业并提供了多元领域服务，譬如落实艺术元素、企业设计、酒店业、服务业、餐厅以及零售业。本工作室旗下的专家来自于各个设计领域，就整体而言，客户们能够接触多样化的构思以及各类企划的可能性。P+P强调谨慎、各别化的服务。本着多元领域架构，本工作室针对客户的要求及变化，采取反应回馈、灵活变通的业务作习。籍着本身的工作室与客户的专业，我们综合了多种元素进行设计，为客户营造空间与分享经验，这是P+P一直引以为荣的。

半山一号
The Joyful Tree House

A 项目定位 Design Proposition
半山一号的精髓就是它大胆表现设计提升了存在于室内设计业的质量门槛，半山一号流露并散发出标新立异的本来意义。启发于树木的灵感设计图案丰富地融入了空间，给住户们带来自然平和之感。

B 环境风格 Creativity & Aesthetics
进入电梯等候厅，映入眼帘的是不锈钢隔板，侧面有一个带镜鞋柜。Catellani & Smith设计的屋顶灯在墙上的投影赋予了空间一种神秘气息。当您体验着木地板的温暖感觉时，看到用激光切割木纹的木质壁画时，此刻，你感受到的不仅仅只是一处现代化的住所，而是一处独具特色的奢华舒适的家园。餐厅流露出古典与现代的孪生风格。天花板上装饰着Tom Dixon设计的灯具，光影映射着白色的生态壁纸，就像穿透丛林树叶的阳光一样，创造了一种坐落于茂密丛林中的现代家园的效果。

C 空间布局 Space Planning
主卧的空间设计目的是根据生活和工作需要而设计。泥土色调和木质地板与新式家具浑然一体，例如放置在壁橱旁边的化妆台，有利于在自然光下进行阅读，或只是静坐观赏窗外风景。内置衣橱实现了屋内空间的实际可用性。卧室（如主卧）具有典型的极简抽象艺术风格和实用性。漂亮整齐的白色线条有助于保持屋内的整洁设计，而床下或内置衣橱都可以开发利用为存储空间。暖色调的墙壁色彩以及木质地板都赋予空间一种舒心舒适的天然场所，一种有利于夜间睡眠的卧房环境。PORCHE设计的磁性壁纸是一种新的创新设计，它真正地将设计元素向未来迈出了一步。

D 设计选材 Materials & Cost Effectiveness
令人意想不到和实用性元素不断渗入到这一奢华公寓。不常用到的狭窄的通道空间，戏谑性地用不锈钢名牌作标记，给人以生活空间的假象。Catellani & Smith设计的壁灯暗射延长着树影，提升现代化的感觉。

E 使用效果 Fidelity to Client
半山一号是体验于其理念上的真正的标新立异，它成功地传递着智能居所的实用性。

项目名称_半山一号
主案设计_廖奕权
参与设计师_Eric Lau, Rajiv Yuen, KY Chan
项目地点_香港
项目面积_149平方米
投资金额_126万元

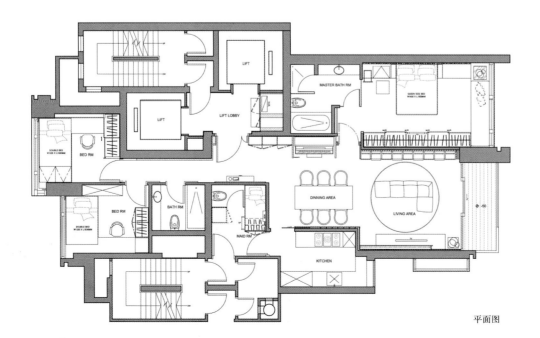

平面图

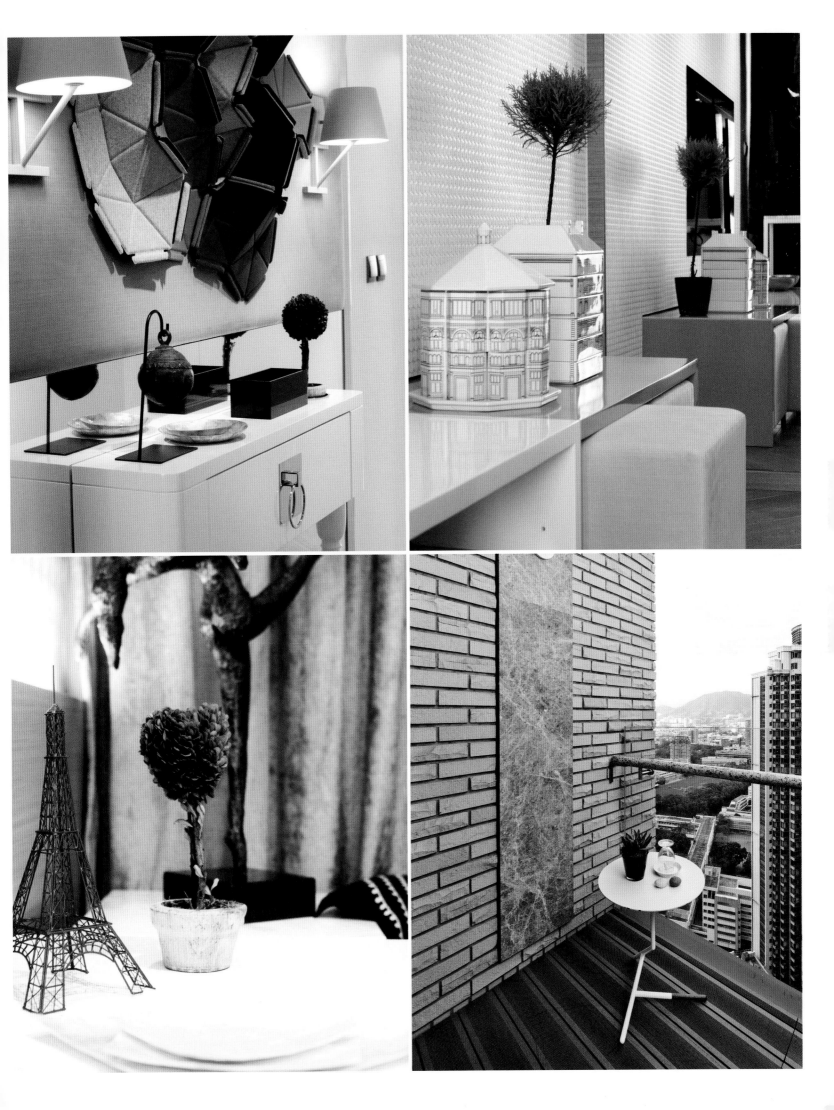

参评机构名/设计师名:
福州宽北装饰设计有限公司/Comber design
简介:
2011年作品《寻常故事》获ic@-word全球室内设计比赛餐饮空间会所银奖。
2010年作品《云顶"视"界》获Idea-Tops全球专业室内设计艾特大奖国际最佳居住空间大奖。
2010年作品《心迹归航》获亚洲室内设计联合会及中国建筑学会室内设计分会主办的新中源杯居住主题空间亚洲室内设计比赛C类金奖。
2010年居住空间作品获"海峡杯"两岸四地室内设计两项金奖和一项银奖。
2010年作品世博情荣获"尚高杯"IFI国际暨中国室内设计大奖赛银奖。
2010年作品荣获陈设中国"晶麒麟"提名奖。
2009年"静泊·家"获"大天杯"福建室内与环境设计大奖赛一等奖。

地中海的阳光照亮田园梦想
Mediterranean Sunlight Apastoral Dream

A 项目定位 Design Proposition
业主腻烦了近几年各种样板房的奢华,殷切需要实用又有情调的风格设计,终于造就了它这般紧凑而温馨,浪漫又朴实的模样。设计师与业主精心沟通,最终定位为兼容地中海风格与美式乡村风格的混搭风格。

B 环境风格 Creativity & Aesthetics
在小复式结构内,不见新古典雍容奢华的踪影,也没有现代风格的简约硬冷,综合运用地中海风格与美式乡村风格这两大设计格调中的优秀元素,务求浪漫不羁的独特韵味。

C 空间布局 Space Planning
餐厅、客厅串连成的公共区域,分别覆盖在不同的屋顶结构下,或挑空或填满,同时利用地中海风格中极致经典与浪漫的拱门作为客厅与休闲区隔断的过渡,使得这个小复式的空间显得紧凑而温馨。

D 设计选材 Materials & Cost Effectiveness
墙面材料的使用上选择了综合田园风格和地中海风格的小片砖片并配上地面的复古砖表现了异域的设计风格,在辅材的选择上融合了一系列精美别致的饰品元素,如彩色琉璃灯、照片墙、金银铁金属器皿等等,摹写出既饱含乡村风采又不失浪漫之姿的视觉变化。

E 使用效果 Fidelity to Client
设计不是多种元素的简单堆砌和平淡摆放,紧凑却不拥挤、清爽怡人如阳光照进心房。

项目名称_地中海的阳光照亮田园梦想
主案设计_施传峰
参与设计师_许娜
项目地点_福建福州市
项目面积_105平方米
投资金额_28万元

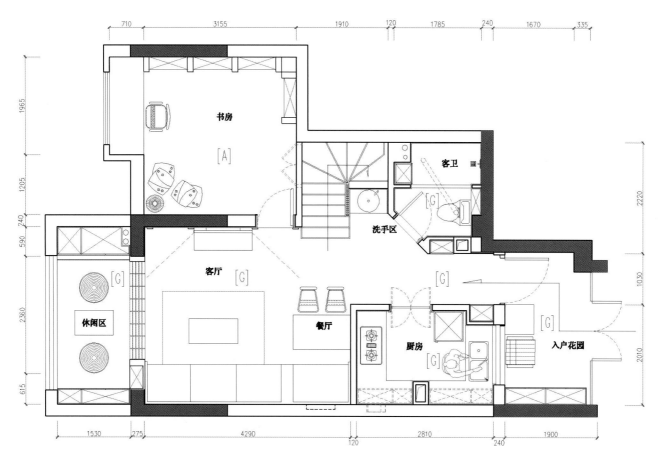

一层平面图

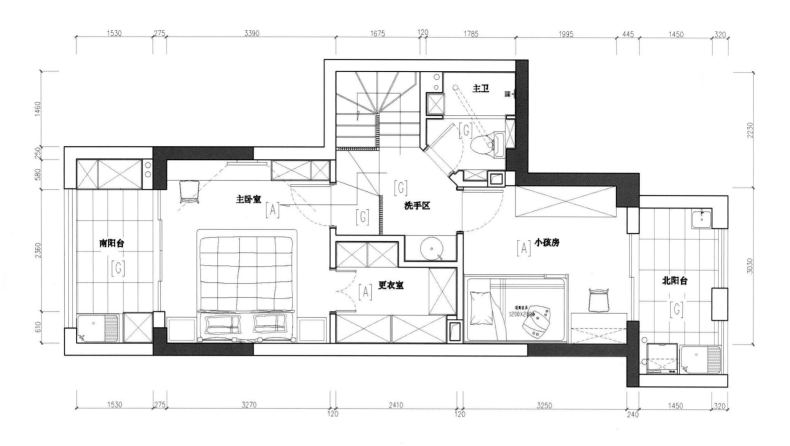

二层平面图

参评机构名/设计师名：
余颢凌 Linda Yu

简介：
获奖经历：2011年成都市第十二届建筑装饰空间艺术设计大赛家装方案类银奖；2011年成都市第十二届建筑装饰空间艺术设计大赛家装方案类佳作奖；IAI AWARDS 2011绿色设计全球大奖暨自然风—亚太设计精英邀请赛住宅空间类银奖；2011年第二届中国国际空间环境艺术设计大赛（筑巢奖）获住宅空间方案类优秀奖；2011年亨特窗饰杯首届中国软装100设计盛典别墅设计类优秀作品奖；2009年新浪乐居"峰格秀设计大赛"优秀奖；2007年成绵地区设计大赛工装类三等奖，家装类佳作奖；2006年成都市装饰协会"大唐合盛杯"室内设计大赛家装佳作奖。

成功案例：麓山国际社区别墅设计、龙湖长桥郡别墅设计、翡翠城家装设计、雅居乐别墅设计、华侨城别墅、中海国际央墅等。

欧城
Europe City

A 项目定位 Design Proposition
定位到时尚现代的都市风格上面，并围绕这个主题与业主要求，将材质和设计完整地整合到了一起。

B 环境风格 Creativity & Aesthetics
欧城的外立面是ARTDECO风格，我们针对客户需求和2012年国际家居流行趋势（灰调+糖果色+自然风）作为客户主基调，尤其在休闲吧提供的皮毛质地砖和黑钛不锈钢的对比，女儿房独特的定制涂鸦砖和地板的鲜活混搭，还是客厅糖果色的家具组合等来体现设计风格。

C 空间布局 Space Planning
客厅里，我们可以见到源自意大利和葡萄牙的橘色挂饰，有代表着60年代美国反叛精神的风干木瓷砖涂鸦墙板，也有做工一丝不苟的德国产客厅家私；在女孩房，纯色的玫瑰红背景与草绿色的布艺撞色适合这个豆蔻年华的小女生，而床头的木兰花挂盘和草绿色脸谱装饰盘的搭配深得小主人的欢心；在公卫，为小主人专门定制的涂鸦系列墙砖是亮点；休闲厅是男主人社交的主要场所，客人表示，在靠近窗户的卡座上坐着感觉很惬意；在主卧室里，简约的设计和色彩贯穿始终，充分体现大简致美的理念。

D 设计选材 Materials & Cost Effectiveness
受到客户消费能力的把握，我们在部分材料的选择上大量用后现代和定制产品来提升客户品味，如有美国越战后自由民主博爱精神特征的风干木瓷砖墙砖，反映08年后欧洲经济危机后青年颓废、迷茫的涂鸦砖，黑白分明的地板，LEOLUX荔枝皮的糖果色沙发，大量欧洲个性产品的出现，充分体现2012年家居流行趋势（灰调+糖果色+自然风）。

E 使用效果 Fidelity to Client
满意。

项目名称_欧城
主案设计_余颢凌
项目地点_四川成都市
项目面积_200平方米
投资金额_350万元

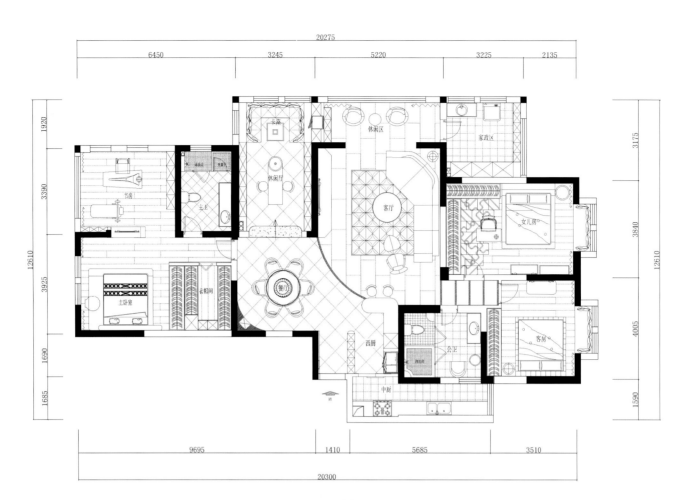

平面图

参评机构名／设计师名:
江欣宜 Idan Chiang

简介:
提倡发散式美学哲思，结合艺术与陈设于空间设计，创造典雅时尚的现代风格，并长期钻研于传播设计、文化、艺术等面向的延伸。

个人特长: 样板房、展示空间、别野豪宅擅长
风格: 新古典、现代、精品旅馆设计。

2013 于上海与英国鬼才设计师AB Rogers探讨电影007创作理念，2013 采访日本知名摄影师蜷川实花"上海玫瑰"的设计概念，2013 于日本采访世纪级前卫艺术家草间弥生，2012 台湾首位专访英国皇家设计师Kelly Hoppen的设计人士，2012于台北 KaiKai KiKi 艺廊采访当代艺术鬼才村上隆，2012与音乐创作人方文山跨界交流对空间的想望，2012探索德国艺术家 Anselm Reyle的艺术时尚转换，2012承接元利建设建案实品屋水纪元建案，2011承接元利建设实品屋世纪汇建案，2010英国设计师Rogers于台湾的信义联勤建案公共围篱设计，2010承接元利建设实品屋和平世纪建案，2009成立FANTASIA缤纷室内设计公司承接公共设施设计、植生墙围篱设计、公共艺术品设计制作。

凝聚
Cohesion

A 项目定位 Design Proposition
设计师以"凝聚"的设计理念发想，让家人之间的亲情需要透过空间来做整合，作为一个情感互相羁绊的地方，让家永远都是最温暖的港口。

B 环境风格 Creativity & Aesthetics
空间大胆用色，以沈稳低调大象灰为空间主色，混搭现代家具与不锈钢铁件，创造时尚都会风格。

C 空间布局 Space Planning
在弧形建筑结构下，处处是畸零空间，又因拥有可眺望城市风景的优势，特别规划出泡澡空间，让客户沐浴在大自然底下。

D 设计选材 Materials & Cost Effectiveness
卫浴空间采用最新研发的防石材磁砖，环保性高又容易保养与维护。

E 使用效果 Fidelity to Client
廊道上设置艺术品端景，增添空间的人文氛围。玄关梨型装置艺术品，点缀着稳重色系为主的居家空间，让视觉拥有更多不一样的吸睛点。并透过整体平面规划，打破隔间造成的藩篱，客厅与餐厅厨房的环绕动线，让所有欢乐笑声与回忆贯穿整个家中。

项目名称_凝聚
主案设计_江欣宜
参与设计师_吴信池、梁博维、周甫政
项目地点_台湾台北市
项目面积_274平方米
投资金额_120万元

参评机构名／设计师名：
虞国纶 YU KUO-LUN
简介：
生于1971台湾台北，自幼学习绘画美术，求学时期参与台湾无数绘画比赛并获奖无数，于1987年保送进入台湾台北复兴商工(美术工艺科)就读，并于1990年顺利完成学业进入各大设计事务所学习其中，并负责案件广涵，别墅、住宅、大型知名饭店及办公场所、百货卖场等案件，历时十余年之久，并于2004年成立格纶设计顾问，自创立以来室内设计项目通及住宅空间、商业空间办公场所、会所样版房等，对于风格与品味的追求，经过严谨的思考与专业的训练，将业主对空间的期待以各种设计风格完美的呈现。强调人与空间的关系，以生活品味与空间艺术的角度，成就设计的独特性，更以理性的空间规划，形塑出空间的本质；以空间美学为基础，打造出与众不同的空间场域；从设计的语汇里，衍生业主对生活品味、理想居所的完美实践。致力提升居住空间美学，并打造室内设计专业品牌为班。获奖经历2013年金外滩最佳照明设计优秀奖。

延：界限
Extending Boundaries

A 项目定位 Design Proposition
黑白颜色对比的冲突、垂直水平线面的交错，跨界、延伸出融洽的生活表情，颠覆既定媒材的具象形意，将视角焦点凝聚在建筑环境与天然元素的金属、实木、石材当中，共同连贯、引申出大气悠然意象。

B 环境风格 Creativity & Aesthetics
摒除具象设定利用黑白彩度，舍弃既有的对比铺排，讲究空间秩序，消弭、突破边界的界限，将区域的开放关系，去除各种形式的具象设定，以隐喻的介质，回应生活的美好与精彩。将对于区域必须具备的机能概念，透过设计，经由灯光、媒材、线条、颜色转化形成一种轻松的对话方式，没有制式的束缚感也跳离传统的框限，融铸成为融洽的空间形态，灯光层次的和谐温暖。

C 空间布局 Space Planning
区域机能演绎在丰富的视觉变化与亲切和谐的对象触觉里，透过中介或开放的关系转换，进行着动线自然交换的节点机制，安定心绪。

D 设计选材 Materials & Cost Effectiveness
地面铺设质地低调的锈铜砖，对比公领域白色结晶砖的无接缝处理，利落界定内外，接着是分置两侧墙面的黑白对比，利用同一款钢刷木料染白或晕黑的手法，表现连续面的转折与丰富层次，我们希望经由色彩、材质、空间比例的相辅相成，型塑现场自信优雅的空间性格。

E 使用效果 Fidelity to Client
在垂直或水平、黑或白、开放或独立、柱或墙、单纯或繁复的对比关系中抽离，反推至表现空间原始本质，在时尚经典的语汇里，挹注人文情感，串连阳光、空气、水的声息相通，酝酿室内优雅而精致意境。

项目名称_延：界限
主案设计_虞国纶
参与设计师_陈宥澄
项目地点_台湾台中市
项目面积_227平方米
投资金额_18万元

九层平面图

128 住宅

参评机构名／设计师名：
赵鑫祥 Zhao Xinxiang

简介：
2008年荣获尚高杯杯全国室内设计大赛银奖，2010年荣获湖南省第十届室内设计大赛家居（实例类）铜奖，2011年荣获中国第十四届室内设计大赛家居（实例类）入围奖，2011年荣获中国室内设计金堂奖优秀奖，2012年第九届中国国际室内设计双年展家居（实例类）铜奖，2012年荣获中国室内设计金堂奖优秀奖，2012年荣获湖南省第十二届室内设计大赛家居（实例类）铜奖，2012年荣获湖南省第十二届室内设计大赛家居（实例类）铜奖，2012年荣获湖南省第十二届室内设计大赛家居（实例类）铜奖。

作品发表： 2011第中国第十四届室内设计大奖赛优秀作品集（中国建筑学会室内设计分会编）。

黑白之间
Between Black and White

A 项目定位 Design Proposition
整个空间简洁、干净；简约的背后也体现一种现代消费观，即注重生活品味，注重健康时尚，注重合理、节约、科学消费。

B 环境风格 Creativity & Aesthetics
隐匿于黑色，彰显于白色，处于这个色调分离的空间，精解的是架构，提炼的是形成。

C 空间布局 Space Planning
本案将传统的室内空间进行改造，然后进行分隔，结合空间功能，创造出新的空间语言。

D 设计选材 Materials & Cost Effectiveness
本案选用不锈钢、灰镜、仿大理石砖、马赛克等现代材质，冷艳的感觉在矛盾中轰然屹立，突兀而无可厚非，丰富时空堆砌的日子。

E 使用效果 Fidelity to Client
设计延续了黑白的纯粹与强烈，以直线剥离层次，渲染空间，成全设计艺术与功能的并置。

项目名称_黑白之间
主案设计_赵鑫祥
项目地点_湖南长沙市
项目面积_160平方米
投资金额_20万元

平面图

参评机构名/设计师名:
谌建奇 Chen Jianqi

简介:
所获奖项：2009年度荣获全国首届最具商业价值别墅设计50强，2011年度荣获第7届中国人居典范建筑规划设计方案竞赛最佳室内设计方案金奖，2011年度第六届中国国际设计艺术博览会上被评选为中国年度杰出设计，2011年度荣获2011金堂奖年度优秀住宅公寓设计作品，2012年度入选中国百强室内设计师2013年度入选中国十大创新人物作品。

《旅约执照》、《北科大厦办公室》分别收录至《中国最新顶尖样板房三》及《2009办公间设计经典》两本书中；作品《水晶之恋》入选中国最具商业价值设计别墅住宅类50强，地杰国际《水晶之恋》分别被天津大学出版社、华中科技大学出版社收录至《顶级样板房》、《新生活主义—家居生活空间》两本书中；世茗雅苑《那年夏天》被华中科技大学出版社收录至《新生活主义—家居生活空间》一书中；作品《柔风异彩》收录至《国际样板房大观》一书中。

黑白视界
Black and White Horizon

A 项目定位 Design Proposition
整个空间的都以黑白极简风格为主线，强烈的对比和脱俗的气质，无论是极简、还是花样百出，都能营造出十分引人注目的室内空间风格。

B 环境风格 Creativity & Aesthetics
该项目的设计灵感源自人们渴望舒适、现代、追求黑与白时尚风潮的永恒主题。

C 空间布局 Space Planning
原阳台与厨房的融合，让空间更通透，也让主人有了一个专属的早餐空间，进门鞋柜与挂衣柜，还有沙发背景的组合形成一道亮丽的风景线。

D 设计选材 Materials & Cost Effectiveness
整个空间在极简的黑白主题色彩下，加入极精致的搭配，融合各种前卫的时尚元素。

E 使用效果 Fidelity to Client
空间的品质在细节中得到无限的升华，打造出无比设计感的空间效果。

项目名称_黑白视界
主案设计_谌建奇
项目地点_上海
项目面积_100平方米
投资金额_25万元

参评机构名／设计师名：
叶善雷 Yslall

简介：
2012年温州"新青年"人居设计大赛一等奖，2011年"项氏设计楼"获18届亚太室内设计大赛优秀奖，2007年浙江省"兔宝宝"杯设计大赛银奖，2007年温州市"云艺杯"获二等奖、平面布置奖。

现代宁静之家
Modern Silence Home

A 项目定位 Design Proposition
一路伴着现代商业的喧嚣嘈杂，我们希望的是得到那让自己能真正安静下来，真正适宜居住的环境。不仅仅是居住，更是每天能体味一种叫做放松，亦或是能称之为无拘束的深居体验。

B 环境风格 Creativity & Aesthetics
家，摈弃都市的繁复华彩，是安静的、温馨的。晨起时，浅色明亮的空间，自然不娇作。夜幕，加之灯光的晕染，温柔且细腻。大面积的木地板，则让空间沉淀下来，富有人情味，让客户感受那属于自身的家中生活。

C 空间布局 Space Planning
明朗的线条使区域之间连贯，构成一个和谐的整体，而每个独立的区域，既体现自身的功能，又为居住者提供安全的私人空间。在有效使用家居空间的同时，让客户体会到家的安全私密与家人间的相互支持。

D 设计选材 Materials & Cost Effectiveness
主材上的天然选材，让环保不再是一种形式。天然的柚木地板，显得无比的清晰、自然。墙面不做沉重的石材，木料，转而仅用浅调色彩的乳胶漆，轻盈明亮，空间感觉透气却不显单调。材料环保的同时又有效压缩了过度设计带来的昂贵费用。

E 使用效果 Fidelity to Client
温馨自然的空间，遇上热爱生活，且具有生活品位的客户，这个家便融入了更多的温情与迷人。客户对自己的家非常满意，交谈中透露着自豪和希望，也给予设计师和公司很多的肯定，也让我们有更多的信心去完成一个又一个承载着情感的项目。

项目名称_现代宁静之家
主案设计_叶善雷
参与设计师_叶敏、张跃亮、金春晓
项目地点_浙江温州市
项目面积_150平方米
投资金额_60万元

参评机构名／设计师名：
谢宇书 HSIEH Yu-shu
简介：
得奖经历：2010 TID AWARDS 台湾室内设计大奖："声音的凝固"最佳家具设计奖。
2010 APIDA AWARDS 香港亚太空间设计大奖："SAILING1"住宅空间类。
2011 TID AWARDS 台湾室内设计大奖："SAILING1"住宅空间类，"ONE"复层住宅空间类。
2012 北京晶麒麟奖："时间之形"最佳设计空间。
2013 上海金外滩奖："SAILING II"最佳饰品搭配奖。
2013 上海金外滩奖："风格来临前的序曲"最佳照明设计奖。
2013 上海最成功设计奖："庄周晓梦之超现实狂想曲"
2013 英国伦敦 International Design & Architecture Awards："时间之形"最佳卫浴设计。
2013 英国伦敦 International Design & Architecture Awards："庄周晓梦之超现实狂想曲"最佳办公空间。

航行二
SAILING-2

A 项目定位 Design Proposition
都市快速节奏下，以个人生活空间最小值的探索。

B 环境风格 Creativity & Aesthetics
萃取都市涵构的抽象节奏。

C 空间布局 Space Planning
利用高低差增加空间变化、增加收纳、增加弹性、缩短楼梯距离。

D 设计选材 Materials & Cost Effectiveness
用铁件打造造型，收纳兼具楼梯的功能。

E 使用效果 Fidelity to Client
丰富的空间感受让人惊讶于其实用性，并喜爱待在其中。

项目名称_航行二
主案设计_谢宇书
项目地点_台湾新竹县
项目面积_33平方米
投资金额_24万元

参评机构名/设计师名:
深圳市于强环境艺术设计有限公司/
Yuqiang & Partners Interior Design

简介:
2001APIDA第九届亚太区室内设计大奖酒吧娱乐类第二名,中国大陆当年唯一获奖设计师,也是中国大陆首位在亚太室内设计大奖赛上获奖的设计师。2008年中国最强室内设计企业评选:荣获年度中国最具价值的室内设计企业十强,荣获年度中国最佳商业空间设计企业十强;2008年APIDA第十六届亚太区室内设计大奖荣获商业展示类荣誉奖;APIDA第十六届亚太区室内设计大奖荣获示范单位类荣誉奖。2008年中国国际室内设计双年展荣获金奖;2008年深圳室内设计年度奖:获"2008年度最佳室内设计公司"荣誉称号。2008年中国室内设计大奖赛荣获商业工程类三等奖;中国室内设计大奖赛荣获别墅类三等奖。2008年第四届海峡两岸四地室内设计大赛荣获住宅工程类银奖。第四届海峡两岸四地室内设计大赛荣获公共建筑工程类铜奖。2009年第六届中国文化产业新年国际论坛:获"三十年30人中国室内设计推动人物"荣誉称号。2010年APIDA第十八届亚太室内设计大奖荣获样板空间类铜奖。2010年度ANDREW MARTIN室内设计大奖年鉴。2011年度国际空间设计大奖 艾特奖 最佳展示空间设计提名奖。

深圳滨海复式公寓
Shenzhen Seaside Duplex Apartment

A 项目定位 Design Proposition
自然的将户外的滨海自然风光引入到室内,同时有让室内有很强的空间感。

B 环境风格 Creativity & Aesthetics
在平面布局过程中,如何另格局开敞、通透,把自身最具优势的景观引入室内,成为非常重要的设计因素。

C 空间布局 Space Planning
一层公共区域,客厅与餐厅间的开敞格局,使两个相对独立的空间形成互动,另景观更多的引入,在无形中扩大了空间感。主要卧室及相对私密的休闲区设在二层,对比一层的"动",二层凸显了更多的轻松,与"安静"。

D 设计选材 Materials & Cost Effectiveness
材质的搭配方面,运用了大量的木元素,与丝、麻及部分有着漂亮肌理的石材相结合,营造轻松,休闲又不失亲切的滨海大宅气质。

E 使用效果 Fidelity to Client
有效的空间利用及高品质的设计,让室内空间显得宽敞明亮,居住环境非常舒适、高雅。

项目名称_深圳滨海复式公寓
主案设计_于强
项目地点_广东深圳市
项目面积_483平方米
投资金额_750万元

参评机构名/设计师名：
黄育波 Huang Yubo
简介：
中国建筑协会注册高级室内设计师，
中国建筑协会室内设计分会设计师，
荣获金堂奖、学会奖。

明素
Ming Su

A 项目定位 Design Proposition
整体设计在传统的设计理念上化繁为简，在传统元素的提取与利用上得到更好的发挥与利用，使得传统的文化得到更好的传承。

B 环境风格 Creativity & Aesthetics
对传统文化的一种传承，把中国五千年的历史文化元素渗透到家居中，让中国文化的元素得到传承。

C 空间布局 Space Planning
客厅与餐厅在一个空间内，南北通透采光通风，让居家得到最好的空气对流。

D 设计选材 Materials & Cost Effectiveness
在选材上以环保为主，把环保的系数最大化。

E 使用效果 Fidelity to Client
在整体空间，居住着相对很明朗，舒服。

项目名称_明素
主案设计_黄育波
项目地点_福建福州市
项目面积_100平方米
投资金额_20万元

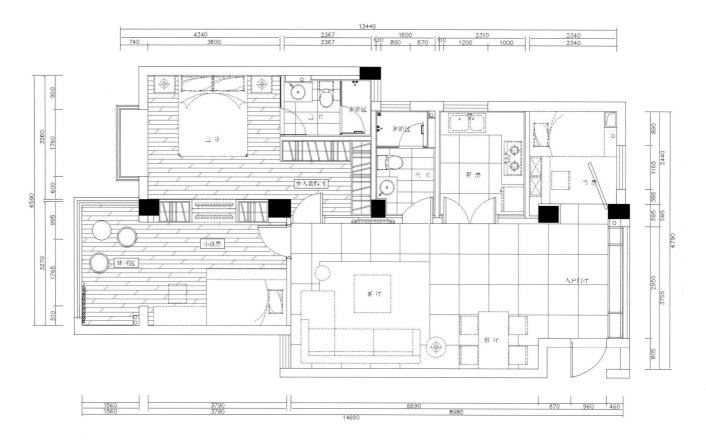

平面图

参评机构名/设计师名:
任萃 Tracy Jen

简介:
自小居住美国、台湾,从高中开始习画参展,于大学攻读室内设计之后,毕业于澳洲新南威尔斯营建管理硕士。

2008年以圣经玛拉基书3三章10节"十一奉献"为概念,创立十分之一设计事业有限公司,创造高质感空间同时奉献公益。期许以无地域限制之世界性精品空间设计平台,为客户量身订作特有设计空间。擅长商业空间操作的她,长期在艺术与国际观的熏陶之下,其作品活跃于上海及台北,并同时获得许多国际奖项。

自2010年开始授课于中原大学及中国科技大学室内设计系,借由丰富的实战经验,带领学生提前与业界接轨。

日出之前
Before Sunrise

A 项目定位 Design Proposition
人对于自然对于空间最原始的感受,而光给予静谧与光明。潜藏在台北西门町中的Sunrise成为了一孤离的光亮岛国。

B 环境风格 Creativity & Aesthetics
入门一进,深色雕刻木皮的柜体跃然出现,而仿佛山峦般的起伏曲线削弱了量体给予的沉重,使空间软性的随人起伏呼吸。人造大理石厨房流理台柜体清净与洁白并在下方嵌入了滚筒式洗衣机,一旁配置了锻造黑铁柜低调调和空间中的木作自然氛围,敏锐精准拿捏了单人居住的机能需求。客厅一狭长空间,干净简单地配置一小吧台,活动式的沙发床能供三五好友聚会时的使用。

C 空间布局 Space Planning
天花间折线的跳层藏匿了暖暖光芒,与木地板的辉映自然朴实,随意的赤脚蜷伏在柔软抱枕,写意抽空翻阅置放已久、不及阅读的杂志书籍,云影一般的暖暖之光徘徊,沉稳地拥抱你以宁静。

D 设计选材 Materials & Cost Effectiveness
二进一转,是如一清泉般冷冽的大胆开放盥洗空间,以活动式透亮平光玻璃门片与不锈钢构作为隔间干湿分离,能够伸展四肢舒适仰躺的纯白人造石浴缸,喷砂玻璃的地板似冰晶打磨的水晶宫城,巧妙的活动式玻璃门片划分干与湿的机能区隔。为保有部分隐私,马桶的遮蔽区隔也以活动式的雕刻木皮门片运用。柜边夹层设置红色LED灯光光源投影,为冷静的空间中妆点了生命力。

E 使用效果 Fidelity to Client
Sunrise见证了光与水与木的交织写乐,探求了人生活工作之余的本质,歌咏了人生与大地断离了乌烟瘴气的城市生活脉络,宛如一孤独离岛,坚实人心对于生活质量与心灵的追求。

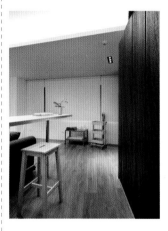

项目名称_日出之前
主案设计_任萃
项目地点_台湾台北市
项目面积_50平方米
投资金额_60万元

160 住宅